DL/T 649—2014

目　次

前言 …………………………………………………………………………………………………… II
1 范围 ………………………………………………………………………………………………… 1
2 规范性引用文件 …………………………………………………………………………………… 1
3 产品分类 …………………………………………………………………………………………… 1
4 技术要求 …………………………………………………………………………………………… 1
5 检验方法 …………………………………………………………………………………………… 4
6 检验规定 …………………………………………………………………………………………… 5
7 标志、包装和运输 ………………………………………………………………………………… 5

I

DL/T 649—2014

前 言

本标准是对 DL/T 649—1998《叶轮给煤机》的修订。与 DL/T 649—1998 相比，除编辑性修改外主要技术变化如下：

——增加了供电方式及控制方式的要求；
——规范了检验规定；
——增加了产品标识要求。

本标准按照 GB/T 1.1—2009 给出的规则起草。

本标准由中国电力企业联合会提出。

本标准由电力行业电力燃煤机械标准化技术委员会归口。

本标准起草单位：中国能源建设集团沈阳电力机械总厂有限公司。

本标准主要起草人：申根龙、崔学迪、陈景良、岳君、宋景政、左振刚、肖春。

本标准 1999 年首次制定，本次为第一次修订。本标准自实施之日起代替 DL/T 649—1998《叶轮给煤机》。

本标准在执行过程中的意见或建议反馈至中国电力企业联合会标准化管理中心（北京市白广路二条一号，100761）。

DL/T 649—2014

叶轮给煤机

1 范围

本标准规定了叶轮给煤机的产品分类、技术要求、检验方法和检验规定等技术要求。

本标准适用于叶轮给煤机的设计、制造和验收。

2 规范性引用文件

下列文件对于本文件的应用是必不可少的。凡是注日期的引用文件，仅所注日期的版本适用于本文件。凡是不注日期的引用文件，其最新版本（包括所有的修改单）适用于本文件。

GB/T 9439 灰铸铁件
GB/T 11352 一般工程用铸造碳钢
GB/T 13306 标牌
GB/T 13384 机电产品包装 通用技术条件
GB/T 14048 低压开关设备和控制设备
GB 50205 钢结构工程施工质量验收规范
GB/T 50549 电厂标识系统编码标准
JB/T 4385.1 锤上自由锻件 通用技术条件
JB 5000.12 重型机械通用技术条件 涂装

3 产品分类

3.1 型号说明

叶轮给煤机型号说明见图1。

图1 叶轮给煤机型号说明

3.2 产品分类

3.2.1 桥式叶轮给煤机指叶轮给煤机安装在桥式支架轨道上。桥式叶轮给煤机见图2。

3.2.2 门式叶轮给煤机指叶轮给煤机安装在地面轨道上。门式叶轮给煤机见图3。

3.2.3 双侧叶轮给煤机指叶轮给煤机叶轮在双侧料仓内拨料。双侧叶轮给煤机见图4。

3.2.4 上传动叶轮给煤机指叶轮给煤机拨料减速机在叶轮上方。上传动叶轮给煤机见图5。

4 技术要求

4.1 叶轮给煤机的技术要求应符合本标准的要求，并应按照规定程序批准的技术文件进行制造。

4.2 铸铁件应符合GB/T 9439的规定。

4.3 铸钢件应符合GB/T 11352的规定。

4.4 锻件应符合JB/T 4385.1的规定。

4.5 焊接件应符合GB 50205的规定。

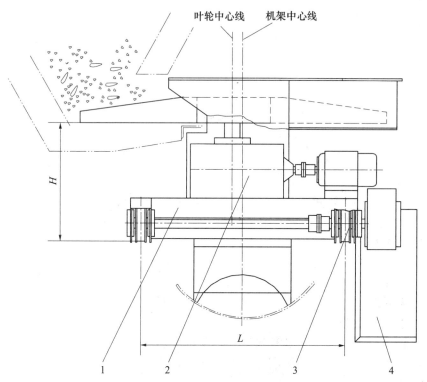

1—机架；2—拨煤机构；3—行走机构；4—电控箱

图2 桥式叶轮给煤机结构示意图

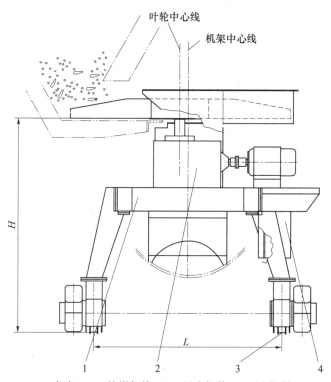

1—机架；2—拨煤机构；3—行走机构；4—电控箱

图3 门式叶轮给煤机结构示意图

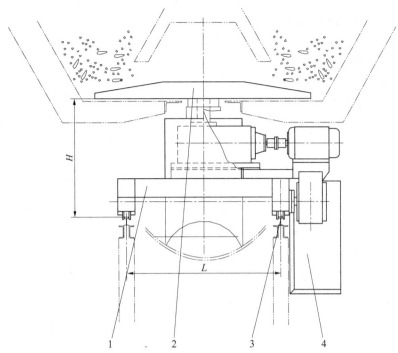

1—机架;2—拨煤机构;3—行走机构;4—电控箱

图 4 双侧叶轮给煤机结构示意图

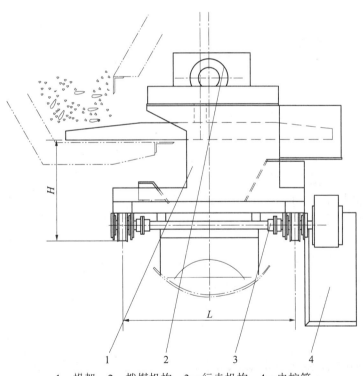

1—机架;2—拨煤机构;3—行走机构;4—电控箱

图 5 上传动叶轮给煤机结构示意图

4.6 所有电器设备应符合 GB/T 14048 的规定。
4.7 原材料、外购件、外协件应附有生产厂家的质量合格证书或现场检验证书,方可进行装配。
4.8 工作环境温度为−15℃～+45℃。

4.9 生产能力的调节范围应为最大能力的30%～100%。

4.10 各种机型的叶轮给煤机轨道宽度应与之相匹配的胶带输送机尾部支架宽度相等。

4.11 同型号给煤机的零件和组件应有良好的互换性，并方便更换和维修，各传动件装配后应转动灵活、轻便，无卡涩现象。

4.12 各减速器，应保证在运转时转动灵活无漏油和渗油现象。

4.13 图6为车轮与机架装配简图，其装配尺寸偏差不得超过表1规定值。

表1 装配尺寸偏差　　　　　　　　　　　　　　　　mm

序号	名称及代号	允许偏差值
1	车轮跨度 L_1、L_2	±5
2	车轮跨度相对差 L_1-L_2	±5
3	机架对角线差 $D_1 \sim D_2$	±5

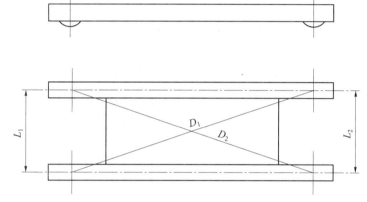

图6 车轮与机架装配

4.14 各减速器连续工作时，在额定负载和转速下轴承温升不得超过40℃，空载运行温升不得超过35℃。

4.15 运转噪声值不得大于85dB（A）。

4.16 叶轮旋转采用变频调速，驱动电机在调定的转速范围内应无失控现象；叶轮给煤机应配备安全防护装置，行走时带有声、光报警信号。

4.17 叶轮给煤机的供电方式宜有下列两种方式：

　　a）第一种为采用电缆滑车与拖缆配合供电，机体控制柜的控制与状态信号通过拖缆传递给集中控制室远程I/O接口。

　　b）第二种为采用安全滑触线与集线器配合供电，机体控制柜的控制与状态信号应以通信方式传送至煤沟内中转装置，通信方式宜采用无线电传输方式或安全滑触线载波传输方式。中转装置再通过通信或硬接线方式将信号传递给控制室远程I/O站。叶轮给煤机的远程控制应纳入统一的输煤程控系统画面。

4.18 对电气设备的要求：

4.18.1 机架上布线应用钢管或金属罩保护。穿线管口应光滑平整，管内导线不得有接头，管口应有护线嘴保护。穿线管道或金属罩走向布置合理，尽量减少占用空间，方便设备维护检修。

4.18.2 电气控制箱防护等级不应低于IP54。滑线垂度每米长度不得超过1mm，对接处应平滑过渡。

4.19 除锈防腐涂漆应按JB 5000.12的规定。

5 检验方法

5.1 本标准4.2应按GB/T 9439的规定检验。

5.2 本标准 4.3 应按 GB/T 11352 的规定检验。
5.3 本标准 4.4 应按 JB/T 4385 的规定检验。
5.4 本标准 4.5 应按 GB 50205 的规定检验。
5.5 每台叶轮给煤机应进行空载试车 4h。
5.6 本标准 4.15 应用声级计在叶轮给煤机外廓 1m 处测量。

6 检验规定

6.1 出厂检验

6.1.1 每台产品应经制造厂质检部门检验合格，并附有产品合格证书方可出厂。
6.1.2 叶轮给煤机出厂前应按下列要求进行空载试运：
  a) 各机构应运转平稳、灵活，无冲击及异音，叶轮转速在其调整范围内应连续可靠，各密封部位无渗漏现象。
  b) 机器外部视检应光滑美观，焊缝平整，各部涂漆应均匀、完整。
  c) 对轴承和油的温度应进行监测，直到温度稳定。若 4h 内温度不能稳定，应进行解体检查，排除故障，再进行试运。

6.2 型式检验

6.2.1 遇有下列情况应进行型式试验：
  a) 新产品试制、定型、鉴定。
  b) 关键件材质及重大工艺改变可能影响产品质量时。
  c) 产品停产两年，再恢复生产时。
  d) 质量监督机构提出要求或用户反馈问题较多时。
6.2.2 型式检验项目按本标准规定的全部项目检验。

7 标志、包装和运输

7.1 每台叶轮给煤机应在明显位置固定产品标牌，其型式及尺寸应符合 GB/T13306 的规定，标注应包括下列内容：
  a) 制造厂名称。
  b) 产品型号、名称。
  c) 出厂编号。
  d) 整机质量。
  e) 制造日期。
  f) 额定生产能力。
  g) 行走轨距。
  h) 胶带宽度。
  i) 外形尺寸。
7.2 产品标识应符合 GB/T 50549 的规定。
7.3 产品包装应符合以下要求：
7.3.1 产品应按装箱单分类包装，外露加工表面应涂防锈油并包扎好。
7.3.2 随机发运的附件应装在箱内。
7.3.3 包装箱应牢固可靠，并应符合 GB/T 13384 的规定及满足水运、陆运的要求。
7.3.4 包装箱外壁应有包括下列内容的文字标记：
  a) 产品名称及型号。
  b) 制造厂及出厂编号。

c) 收货单位及地址。
d) 净质量、毛质量、箱号、外轮廓尺寸及运输起吊标记。

7.3.5 出口产品的包装应满足外贸出口订货时有关要求。

7.3.6 随机附带的技术文件至少包括下列内容：
a) 产品合格证书。
b) 装箱单。
c) 安装基础图。
d) 使用说明书。